阿诺的数学王国历险记

黑魔法书

张顺燕◎主编　纸上魔方◎绘

吉林科学技术出版社

图书在版编目（CIP）数据

黑魔法书 / 张顺燕主编. -- 长春 : 吉林科学技术出版社, 2022.11
（阿诺的数学王国历险记）
ISBN 978-7-5578-9397-2

Ⅰ. ①黑… Ⅱ. ①张… Ⅲ. ①数学一青少年读物 Ⅳ. ①01-49

中国版本图书馆CIP数据核字(2022)第113525号

阿诺的数学王国历险记　黑魔法书

A NUO DE SHUXUE WANGGUO LIXIANJI　HEIMOFASHU

主　　编　张顺燕
绘　　者　纸上魔方
出 版 人　宛　霞
责任编辑　郑宏宇
助理编辑　李思言　刘凌含
封面设计　长春美印图文设计有限公司
制　　版　长春美印图文设计有限公司
幅面尺寸　167 mm×235 mm
开　　本　16
印　　张　7
字　　数　100千字
印　　数　1-6 000册
版　　次　2022年11月第1版
印　　次　2022年11月第1次印刷

出　　版　吉林科学技术出版社
发　　行　吉林科学技术出版社
地　　址　长春市福祉大路5788号出版大厦A座
邮　　编　130118
发行部电话/传真　0431-81629529　81629530　81629531
　　　　　　　　81629532　81629533　81629534
储运部电话　0431-86059116
编辑部电话　0431-81629518
印　　刷　吉广控股有限公司

书　　号　ISBN 978-7-5578-9397-2
定　　价　32.00元

序言

新蜂王阿诺诞生于自由、幸福的蜜蜂王国。这一天，可恶的大马蜂入侵了它们的家园，打破了这里的宁静。

在与大马蜂的战斗中，蜜蜂王国硝烟四起，蜜蜂们死伤无数，老蜂王也在这场战斗中身受重伤，眼看着蜜蜂王国就要被毁灭了。

危急关头，老蜂王嘱托阿诺，只有找到传说中的勇士之心才能拯救蜜蜂王国，而寻找勇士之心的路途上险象环生，还要破解一道道数学难题。

作为新蜂王的阿诺，毅然肩负起重任，扇动着稚嫩的翅膀，踏上了寻找勇士之心的旅途。一路上，阿诺解救了很多为魔法所困的昆虫，并与这些昆虫成为要好的朋友，大伙儿齐心协力破解了一道道数学难题，然而前路依旧坎坷且充满艰辛，又有多少新的数学难题等待着它们呢，阿诺和它的昆虫朋友能成功吗？

让我们拭目以待吧！

登场人物介绍

阿诺

虽然看起来穿着普通，但腰间的黑条纹透露出它身份的不一般。尽管在寻找勇士之心的道路上充满了艰难险阻，但它凭借自己的智慧和力量，取得了成功，是跟一切正义过不去的邪恶黑天牛最不敢轻视的对手。

迪宝

一只曾经被困在界碑里的金龟子，家乡在神奇的空中之国仙子岩。它生来就能够掌控能量之泉，虽然有点胆小，个头也不是那么高，但内心却充满正义的力量。

木棉天牛麦朵

可爱的木棉天牛，别看它的样子普普通通，性格温和，身份可不一般，是一位手艺高超的木偶工匠，能操纵一群可爱的小木偶。它总是和叶虫红贝克结伴而行，是阿诺得力的帮手。

红贝克

一个模样很像叶子的家伙，而且是谁都不会在意的叶子。它的古怪外貌，让人觉得它脾气火暴，它还总是穿一件大披风，腰上藏着一把大刀，那模样看起来好像在说，要是得罪了它，可有的瞧了。

地鼠大盗

它可是一个好兄弟、好帮手，胆子大、力气足，足智多谋，智勇双全，但却不见得是一个好角色。它整日游荡在黑天牛的地盘，只为挖得一堆宝藏。但就是这么一个家伙，帮了阿诺与它的伙伴们的大忙。

黑天牛

这家伙神出鬼没，总是穿着黑色战袍、铠甲，身上有许多武器保护自己，这是因为它干的坏事太多了，无论到哪里都有对手。虽然很少有人能见到它，但它却令人闻之胆寒，它乐于把一切好的东西都据为己有，还认为是理所当然的。

目录

2
3

第1章
奇异照相机
（数数图形）
扫码领取
•本书配套音频
•数学单位课堂
•数学学习方法
•课后故事随身听

“只要一枚金币，就能看到你的未来。”

麦朵被这个声音吸引，好奇地凑上去，看到一个长着九个脑袋、披着蓝色披风的家伙，正在摆弄一台三角形的照相机。

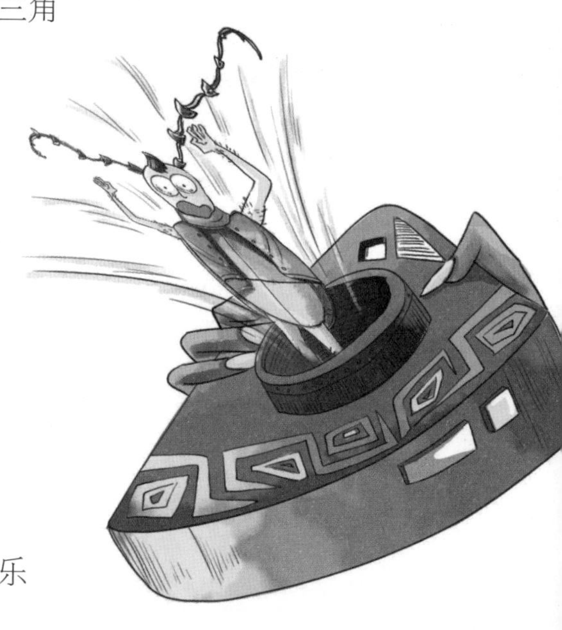

“哦，这可不是照相机。”这个神秘巫师边按下快门，边对屎壳郎杰克说，“瞧，从里面看到了什么？”

趴在相机旁的屎壳郎杰克被惊得目瞪口呆。

它没想到自己的愿望实现了，它想在多年以后经营一家地下游乐场，而照相机快门按下的一刹那，里面就弹出一张它坐在豪华地下游乐场办公室的照片。

“我也试试。”麦朵连忙也掏出一枚金币。

令它没想到的是，快门被按下后，相机里不但没出现它的未来，而且它像被压扁的面饼一样钻进了照相机里。

神秘巫师像变魔术似的抖着脑袋，脑袋上的黑帽子掉在地上，照相机里的麦朵惊得直跳：“九头蜥蜴！”

……

自从金龟子迪宝、蜂王阿诺与叶虫红贝克接到九头蜥蜴的魔法气泡，得知麦朵被捉后，就连夜赶往神秘森林。

神秘森林很奇怪，入口处蓝雾弥漫，荆棘丛生，除了一栋奇怪的建筑，哪里都无法看清。

“看来，我们必须由这里进去了。”迪宝飞来飞去，琢磨着眼前的建筑。

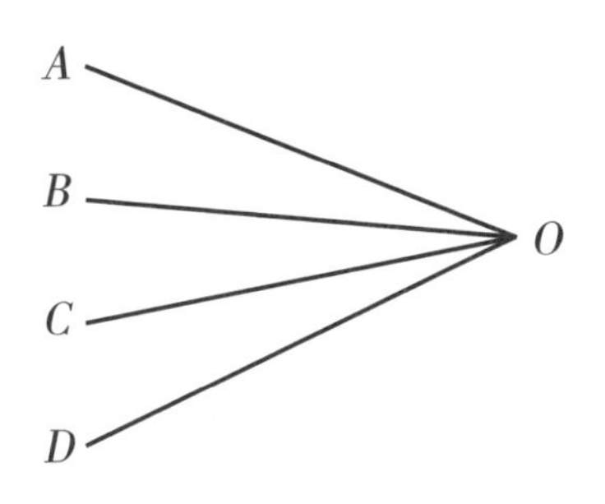

这栋建筑标有四个字母的部分，朝向外面，不时有一团火焰从字母里射出，吓得迪宝和阿诺不停地躲闪。

它们试着躲过字母射出的火焰，往里跑，可是建筑里面是死角，无法进入。

“这叫旋转门。”迪宝发现了建筑中隐藏的秘密，“我们必须破解，它一共有几个角，是几就顺时针转几圈，神秘森林的入口才会出现。”

这可难住了阿诺，它转来转去，数了一遍又一遍，转动了几次旋转门，可门不但没开启，还涌出一群黑甲虫，如果不是逃得快，翅膀险些被啃光。

红贝克尽管也受了伤，但它仍一瘸一拐地试图再次冲进这栋奇怪的建筑，不想放弃拯救麦朵，迪宝很感动。

它苦苦思索着，突然有了主意：“嘿！你们应该先学会数图形，想要不重复也不遗漏地数出线段、角、三角形，那就必须有次序、有条理地数，从中发现规律，以得到正确的结果。要正确数出图形的个数，关键是要从基本图形入手，首先，要弄清图形中包含的基本图形是什么，有多少个；其次，数出由基本图形组成的新图形；最后，求出它们的和。”

阿诺搀扶着红贝克，走到旋转门脚下：“加把油，迪宝！”

“数角的个数，可以采用数线段的方法来数。”迪宝信心十足，“以AO作为一条边，就有$\angle AOB$、$\angle AOC$和$\angle AOD$，三个角。”

“以BO为一条边，有$\angle BOC$、$\angle BOD$，两个角。”聪明的阿诺顺着迪宝的思路，也破解了这道难题。

“以CO为一条边，有$\angle COD$，一个角。”红贝克有点犹豫，“但我的脑袋很笨……”

“不，你一点儿都不笨，”迪宝兴奋地跳起来，扑到旋转门上，边躲避字母里喷吐的火焰，边旋转字母所代表的紫晶石门柱，“完全正确。所以，如果把旋转门看成图形的话，图中共有3+2+1=6个角。”

当将紫晶石顺时针转动6次后，神秘森林的入口果然开启了。

“呜呜呜。”

“是麦朵的哭声。”

阿诺的话，令迪宝和红贝克的心情都沉重下来。

它们迫不及待地走进了恐怖而阴森的神秘森林。

第 2 章
怪屋哭声
（寻找规律）
扫码领取
·本书配套音频
·数学单位课堂
·数学学习方法
·课后故事随身听

“哭声是从这栋房子里传出来的。”

三个伙伴跑进神秘森林，发现眼前有许多房屋，这些房屋低矮而古怪，里面不时响起麦朵的哭声。

“在这里！”

阿诺飞到窗玻璃是正方形的三栋小屋前，前两栋房屋的玻璃窗上都有数字，第三栋房屋玻璃窗的右下方缺失一块玻璃，哭声正是从里面传出的。

5	10
9	14

7	12
11	16

9	14
13	?

想要钻进去可不容易，必须破解出那块缺失的玻璃上面的数字。

“救命，救我！”

里面传出打斗声，麦朵的叫声更加凄惨。

迪宝急得转来转去。

它突然想到长老吉西教给它的数学知识：“按照一定顺序排列的一列数，只要从连续的几个数中找到它们的排列规律，就可以知道其余

的数。寻找数字的排列规律，除了从相邻两数的和、差、积、商考虑外，有时还要从多方面去考虑。善于发现数列的规律，是解决填数问题的关键。”

迪宝捂住耳朵，不让麦朵的惨叫声影响自己的思路。“这三栋小屋的玻璃窗，我们将它看成三个图形。横着看，图形中右边的数比左边的数多5；竖着看，下面的数比上面的数多4；斜着看，和相等。根据这一规律，图中空缺处应填18。”

迪宝蘸着精灵花的花粉，在小窗的空缺处填上18。

忽然，

缺口上出现一股

黑色的旋风，将它

带了进去。

阿诺和红贝克撞上

去，发现缺失的位置出现了

玻璃窗，将它们与里面的迪宝阻

隔起开来。

奇怪的是，麦朵和迪宝的叫声又从旁边三

栋玻璃窗是三角形的小屋里传出。

它们飞过去，发现第三栋小屋的玻璃窗中间缺失了一块玻

璃，如果不破解出空缺位置的数字，它们是无法进入的。

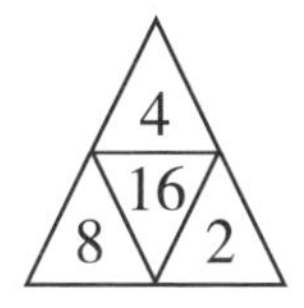

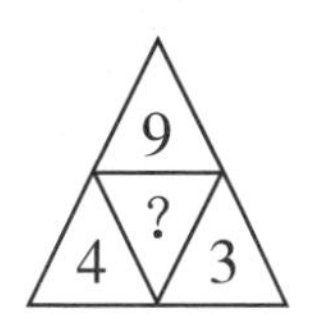

“救我！”迪宝在里面叫道。

“我快要被淹死了！”这是麦朵的声音。

两个伙伴的叫声，都从第三栋房屋里传出。

红贝克急得一下子蹿到玻璃窗上：“阿诺，通过观察，可以发现前两个图形中的数之间有这样的关系：$4\times8\div2=16$，$7\times8\div4=14$，也就是说中心的数等于上面的数与左下方的数的乘积除以右下方的数。根据这一规律，$9\times4\div3=12$，所以空缺处应填12。”

红贝克填上数字后，一股蓝色的旋风将它带进了小屋里。

这一次，阿诺冲上去时，旋风消失，它又撞到了玻璃窗上。

它心灰意冷、胆战心惊地行走在众多的房屋之间，发现每一栋房屋里都好像有叫声，可是追上去，却都安静极了。

就这样走到夜幕降临，它走到了一栋十分高大的房屋前，房屋的玻璃窗上也有许多数字，只是最右下角的窗口没有玻璃。

9	3	27
12	4	36
36	12	?

“一定是这里缺失了一个数字。”阿诺小心翼翼地飞到窗口，“破解出这里应是数字几，我就能够进入了……”

一番观察后，它的脑海里有了答案：“横着看，在玻璃窗第一行和第二行中，第一个数除以3等于第二个数，第一个数乘以3等于第三个数。根据这一规律，36×3=108，所以空缺处应填108。”

填好数字后，阿诺惊恐地看到一只黑色的长手臂，由一团蓝雾中探出，将自己捉进了一座烛火飘摇的老屋里。

第3章
老蛛巫的毛线数字
（巧填符号）
扫码领取
·本书配套音频
·数学单位课堂
·数学学习方法
·课后故事随身听

“救我——”

阿诺胡乱地踢蹬，在地上打滚儿。

它忽然发现自己的挣扎是多余的，此时，并没有人在拉拽它。

它爬起来，盯着豆大的烛光下一个在编织毛线衣的老蛛巫。蛛巫穿着灰色的长裙，头上戴着包发帽，细长的腿仿佛能甩到天花板上。它正专心致志地在织东西，一只手在不停地缠线，另一只手在两根织衣针上飞快地交织着，使几个毛线数字从织衣针上脱落下来。

12345=10

12345=10

12345=10

12345=10

12345=10

为了躲开脚下的数字，阿诺不得不飞到半空。它望着蛛巫，这个老奶奶连看也不看它一眼。

“我得去救伙伴。”阿诺咕哝着，走到门边，想推开门逃出去。

门被锁上了。

老蛛巫透过宝石眼镜，看了阿诺一眼，说：“只要在你脚旁的算式中填上+、-、×、÷或（　），使这5道算式成立，门上的五把锁就会自动打开。”

阿诺心中有很多疑问，可是老蛛巫低头忙着它的针线活，看样子十分忙碌，阿诺只好盯着脚下的毛线数字观察。

“再不抓紧点儿，我就下班了。”

当耳旁传来老蛛巫的说话声时，阿诺吓得一个激灵跳了起来，才发现自己在思考中竟然睡着了。

“等到屋里的这根蜡烛熄灭了，你只有在明年的这时候才能看到我。”老蛛巫打起了哈欠。

阿诺急出一头汗珠，它飞快地在数字上飞来飞去，扯起这个，又放下那个。它多希望迪宝能在这里帮助它破解难题啊。

可是，房间里静得连一根针掉落的声音都能听到，并没有伙伴的声音。

阿诺深吸一口气，它不敢再看蜡烛，生怕看上一眼，它就会灭

掉。又经过一阵苦思冥想，阿诺突然瞪大眼睛：“有了！根据题目给定的条件和要求，给算式添加运算符号及括号，使算式成立，这是一种很有趣的游戏。这种游戏需要动脑筋找规律，研究方法，一旦掌握了方法，就能事半功倍。”

老蛛巫透过眼镜打量着阿诺，又打了一个大哈欠。

烛光更暗了。

阿诺紧张得直发抖，它飞快地接着说：“给算式添加运算符号这类问题，通常采用尝试探索法。主要的尝试方法有两种：

1.如果题目中的数字比较少，可以从算式的结果入手，推想哪些算式能得到这个结果，然后拼凑出所求的式子。

2.如果题目中的数字比较多，结果也比较大，可以考虑先用多少个数字凑出比较接近算式结果的数，然后进行调整，使算式成立。

“通常情况下，要根据题目的特点选择方法，有时将以上两种方法

组合起来使用，更有助于问题的解决。”

蜡烛已经暗得像一团鬼火，老蛛巫在收拾它的毛线团，看样子正准备爬起来离开。

阿诺紧紧地攥着拳头，冲到它眼前：“只等一小会儿！对于这种问题，我们可以用倒推法来分析。从得数10去分析，算式左边最后一个数是5，可以分别从下面几种情况去思考：（　）+5=10，（　）-5=10，（　）×5=10，（　）÷5=10。”

“小伙子，蜡烛可不

等人。”老蛛巫已经挎起它的篮子。

“我们先看第一个算式，”阿诺叫道，“从5+5=10思考，左边前4个数可以组成得数是5的算式有：

$(1+2)\div 3+4+5=10$

$(1+2)\times 3-4+5=10$。”

只听到“啪啪”两声，门上的锁开了两把。

即将熄灭的蜡烛，也像风烛残年的老人一般，抖擞起精神，亮了一

下，又更暗了。

“看第二个，”阿诺飞得小心翼翼，“从15−5=10思考，左边前4个数可以组成得数是15的算式有：

1+2+3×4−5=10。”

又有一把锁弹开。

老蛛巫朝黑暗的墙壁走去，身体在变得透明，阿诺勇敢地拦在它前面，想让它放慢脚步。

蜡烛快要熄灭了。

“瞧这第三个，”阿诺叫道，“从2×5=10思考，左边前4个数可以

组成得数是2的算式有：

（1×2×3-4）×5=10

（1+2+3-4）×5=10。”

阿诺刚说完，门上的锁全部弹开了。

在老蛛巫半透明的身体消失在墙壁里的一刹那，它拉开房门，阿诺看到了两个奇怪的稻草人。

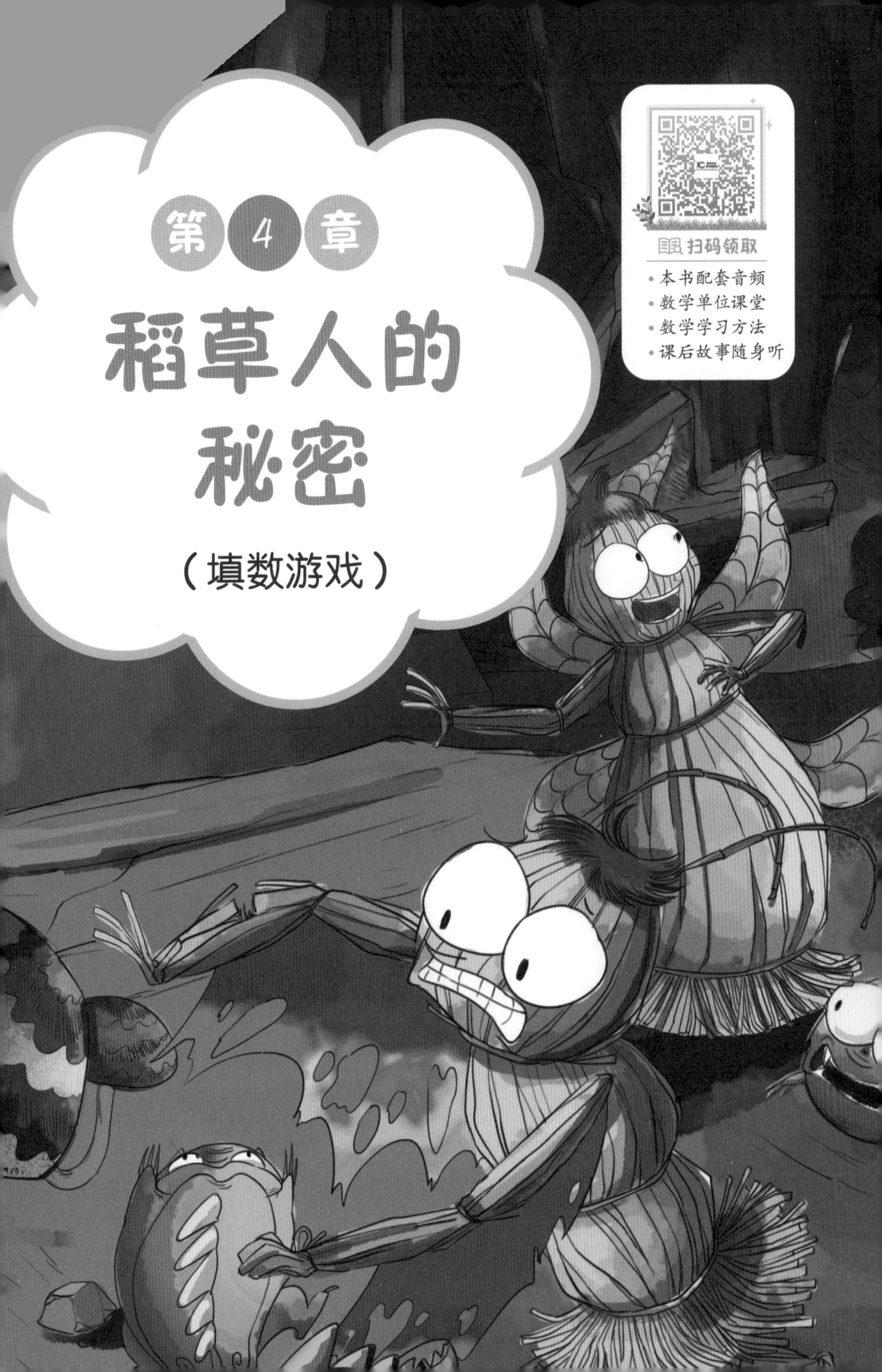
第4章
稻草人的秘密
（填数游戏）
扫码领取
•本书配套音频
•数学单位课堂
•数学学习方法
•课后故事随身听

“是我。”

阿诺被两个稻草人围住，很快，它便从它们的口中得知，这两个家伙正是自己的同伴迪宝和红贝克。

“听着，”迪宝叫道，“准是九头蜥蜴干的，当我进到那个窗子里时，忽然就变成这副怪模样了。”

红贝克的遭遇跟迪宝一样。

阿诺发愁地盯着它们：“我要怎么解开你们身上的邪恶魔法呢？”

“我们早就发现了。”迪宝和红贝克转过身。

它们的脊背上有由树疖组成的奇怪图案。

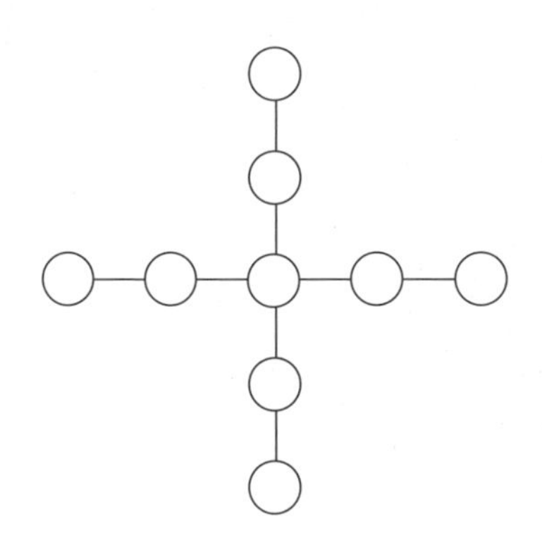

“我已经研究过红贝克身后的图案，”迪宝说，“我们两个身后的图案一样，这些树疖，每一个都刻有一个数字。分别是1—9，不管它们怎么排列，要使两条直线上五个数的和相等。可是，这五个数的和究竟是多少呢？”

此时，阿诺眼前出现一个黑暗的洞穴，一些小兽试图爬过来，啃食变成稻草人的迪宝和红贝克，吓得它们四处蹦跳。

“快救我们。”迪宝的稻草胳膊被咬出一个豁口，“不然，我们就被这些家伙吃光了。”

阿诺一面驱赶小兽，一面跟着迪宝的脚步飞奔：“可是……这太难了！”

“别忘了我们都喜欢做游戏。”迪宝边跑边叫道，“填数游戏不但非常有趣，而且能促使你积极地思考问题、分析问题。虽然做填数游戏有一定的难度，不过，只要你掌握了方法，填起来就很轻松了。

“填数时要仔细观察图形，确定图形中关键位置应填几，关键位置一般是图形的顶点或中间。另外，要将所填的空与所提供的数联系起来，一般要先计算所填数的总和与所提供数的总和之差，进而确定关键位置应填几。关键位置的数确定好了，其他问题就迎刃而解了……哎哟！我的脚趾！”

要不是阿诺出手相救，迪宝的整条大腿就被吞吃了。

更糟糕的是红贝克，有一只小兽正在啃咬它的脑袋。

阿诺飞过去，用从迪宝那里学来的小魔法，变出一堆鬼面蛾，吓退了小兽，叫道："我可以这样想吗？把1—9中间的数字5填到中心的○内，剩下八个数，一大一小，搭配成和是10的四组，这样两条直线上的五个数的和都是5+10×2=25。如果把1填在中心的○内，这样剩下的八个数可以一大一小搭配成和都是11的四组。这时两条直线上的五个数的和是1+11×2=23。"

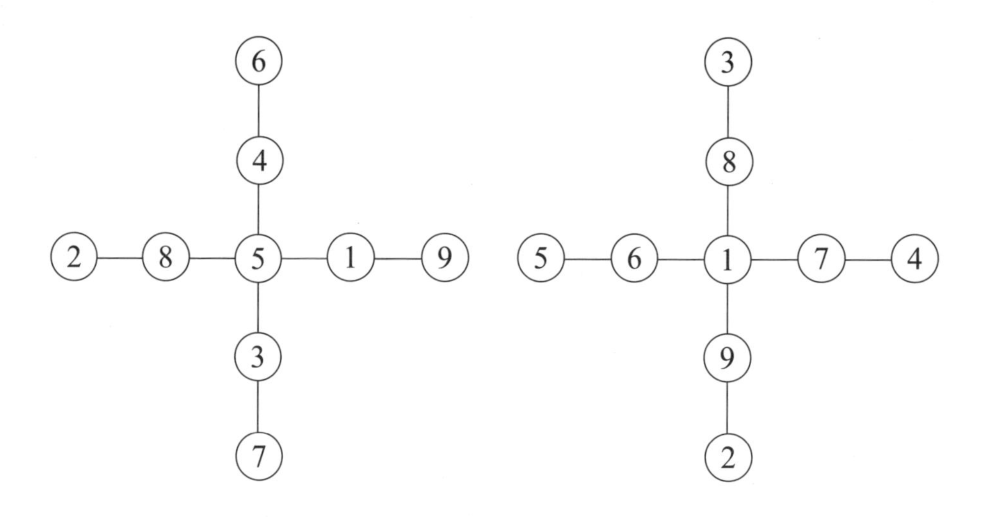

“那就赶快行动吧。”

阿诺一刻也不敢耽误，它将上面有数字的树疥移动位置，正好组成它所说的排列顺序，只见一片蓝雾从稻草人的身体里冒出，稻草里升腾起一股蓝色的火焰。当它熄灭后，迪宝和红贝克就出现在阿诺眼前。

它们得救了。

第5章 地鼠大盗

（有余除法）

阿诺同迪宝和红贝克在蜿蜒的洞穴里走来走去，想寻找到一个逃生的出口，更想找到木棉天牛麦朵。

当它们走到一个透出微光的洞口时，听到一阵自言自语声。

它们趴在洞口，朝前方望去，只见一个巨大的金蟾，正奋力挥着铁锹在挖土：“这个坑应该够深了。”

为了验证自己的猜测，它还亲自躺到里面试了试：“差不多了，现在，我就去把那三个家伙扛过来。”

迪宝、阿诺和红贝克正想跑，可已经来不及了。

金蟾的速度像风一样快，眨眼间就飘到它们眼前。

“咦？又多了一个家伙。幸亏我挖的坑足够大，哈哈哈……”这一相遇令它吃惊不小，金蟾使出浑身的力气，抱起三个家伙，将它们塞进了刚挖好的土坑里。为了阻止它们再次逃出来，它堆起土堆后，还跳到上面蹦了又蹦，踩了又踩，直到认为三个可怜的家伙无法再逃出来，才气喘吁吁地提着铁锹跑走了。

红贝克、迪宝和阿诺被踩得晕头转向，胸口憋闷得可怕，它们用尽全身力气，却还是动弹不得。

就在它们绝望时，迪宝突然感到头上的土松动了。一只尖细的爪子探进来，它腾地朝上一拱，钻出了泥土。

眼前，一个地鼠大盗正呆呆地瞪着它。

“虽然我们没有你要的金银财宝，但如果你救出我的伙伴，”迪宝安慰一脸沮丧的地鼠大盗说，“我们会帮你找到金银财宝的。”

“好吧！”地鼠大盗又从土里扒拉出另外两个伙伴。

地鼠大盗将它们带到盘根错节的老树根底下，命令道：“这扇门后面藏着九头蜥蜴的宝贝，可是我一直没办法打开它，你们快给我把这扇门打开！”

门上隐隐约约有一些字：

在算式（　）÷（　）=（　）……4中，除数和商相等，被除数最小是几？

迪宝被难住了。

这惹来地鼠大盗的不满：“我还有力气再将你们埋回去。”

“别急，”阿诺在一旁提醒迪宝说，“把一些书平均分给几个小朋友，要使每个小朋友分到的书的本数最多，这些书分到最后会出现什么情况？一种是全部分完，还有一种是有剩余，并且剩余的本数必须比小朋友的人数少，否则还可

以继续分下去。解这类题的关键是先要确定余数，如果余数已知，就可以确定除数，然后根据被除数与除数、商和余数的关系求出被除数。”

“有了！”迪宝兴奋地叫道，“我知道，在有余数的除法中，要记住：

（1）余数必须小于除数；

（2）被除数＝商×除数＋余数。”

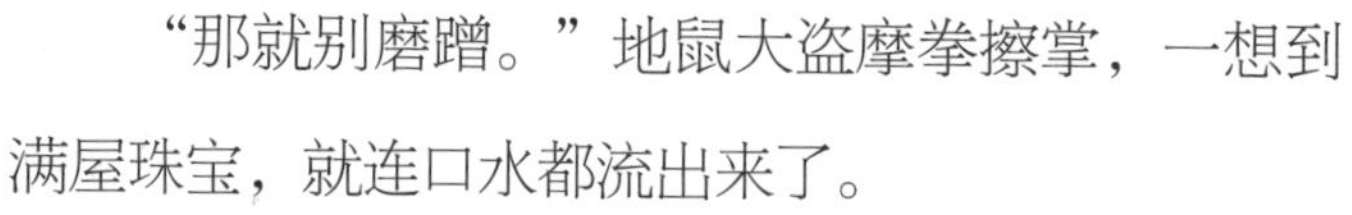

“那就别磨蹭。”地鼠大盗摩拳擦掌，一想到满屋珠宝，就连口水都流出来了。

“题目中告诉我们，余数是4，除数和商相等。因为余数必须比除数小，所以除数必须比4大，但题中要求最小的被除数，因而除数应填5，商也是5，5×5+4=29，所以被除数最小是29。”

阿诺说得一点也不错，当它们将除数和商、被除数都破解出来后，坚硬的门变得柔软并打开了……

第6章
德罗门之星
（火柴游戏）
扫码领取
·本书配套音频
·数学单位课堂
·数学学习方法
·课后故事随身听

藏宝树根屋的门缓慢地打开了，露出了一排尖利的牙齿，而门框和门板则变成了一颗丑陋的绿色大蛇头。

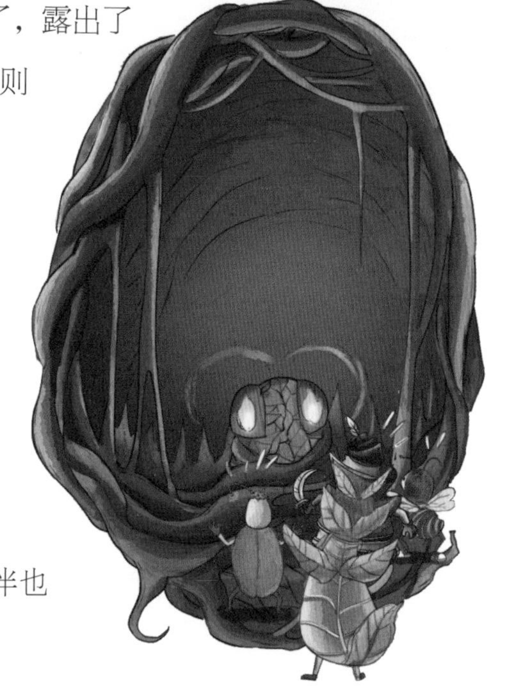

蛇头的两只眼睛燃烧着火焰，像两只红灯笼一样，照亮了树根屋里的一切。

里面昏暗而幽深，摆着一些巨大古老的家具，不时有灰色的幽灵悄然闪过。

不仅地鼠大盗，而且三个伙伴也都吓坏了。

“你会不会记错了？”迪宝忍不住问身边像树叶一样簌簌抖动的地鼠大盗。

“绝不会！”地鼠大盗刚要进去，蛇嘴中的涎水滴到它的身上，它又吓得缩了回来，“你们先进。”

三个伙伴强忍住恐惧走进了蛇嘴中的房间里。

“快拉开抽屉。”地鼠大盗在门外叫道。

阿诺拉开一个抽屉，顿时，里面的刺目光辉将整个房间照得十分明亮，抽屉里堆满了罕见的奇珍异宝。

地鼠大盗想都没想就

蹿了进来。

蛇嘴突然闭上了，不知从哪里传来了九头蜥蜴的狞笑声："哈哈，终于把你们引来啦！用不了多久，所有的氧气就会被你们耗光。那种滋味一定很难受吧……"

接下来，它们的眼前变得一片漆黑，再也没有传来九头蜥蜴的说话声。

地鼠大盗害怕自己死去，拼命地呼吸着，使得氧气过分消耗，四个家伙都感到胸口开始憋闷。

"那是什么？"

此时，墙壁上出现了12条长度一样的小毒蛇，身体上泛着微光，不断蠕动并一起靠拢，组成了如下的图案：

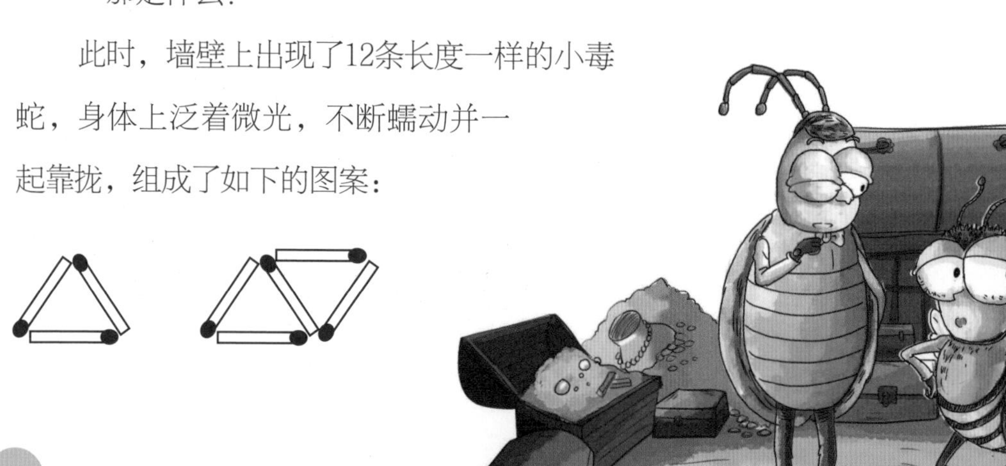

“我们有救啦。”地鼠大盗翻了一个跟头跳起来，“这些小毒蛇组成的图案给我们一些提示：3条小毒蛇拼出一个等边三角形，5条小毒蛇拼出两个等边三角形，你们能用12条小毒蛇拼出6个等边三角形吗？”

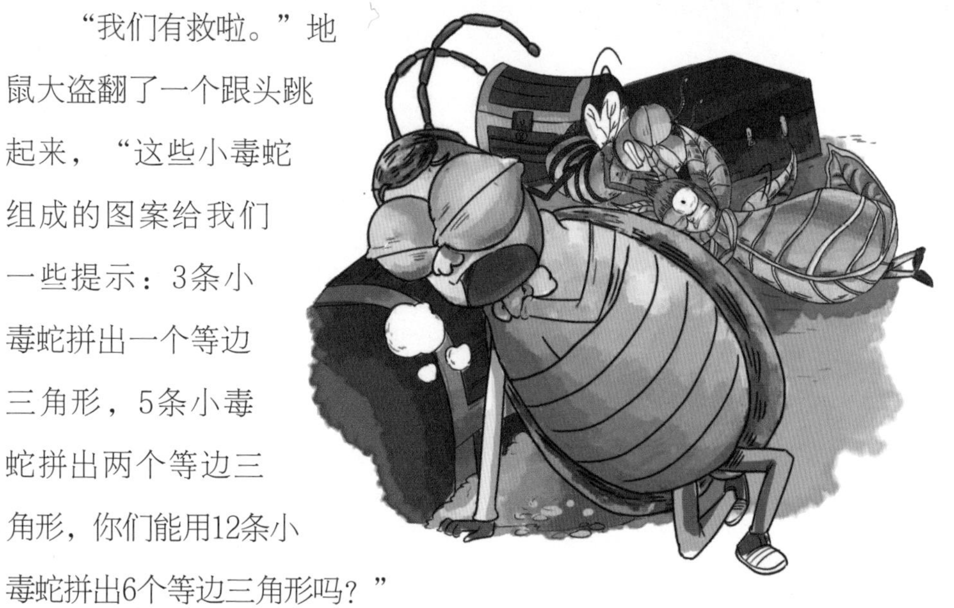

“为什么要拼6个等边三角形，这跟我们活下去，有什么关系？”迪宝奇怪地问道。

“用12条小毒蛇如果能拼成6个等边三角形，这个图案就是德罗门之星。”地鼠大盗喘着气，不想解释太多，“哎，等到它被拼出来，你们就知道了。”

迪宝不敢再浪费时间。

它虽然大张着嘴巴，但还是感到氧气不够用。

而喘不上气的红贝克和阿诺，已经浑身发紫，忍不住满地打滚了。

迪宝望着墙壁上正在蠕动的小毒蛇，极力想让自己消除恐惧。“不要怕，不要怕！”

“我们可以把它比作火柴棒。”迪宝自言自语着，“火柴棒是一种常见的物品，用火柴棒可以摆出各种有趣的图形、数、运算符号等。解决这类问题，我们一定要积极开动脑筋，从不同的角度进行充分思考。”

地鼠大盗本想爬到迪宝身边，教训这个令自己不满的家伙——在这如此危急的关头，它竟然还有时间啰唆。

但它刚爬到迪宝脚下，就窒息晕倒了。

阿诺咬牙爬到迪宝脚边：“通过你的分析，由于拼1个小等边三角形需要3条小毒蛇，那拼6个这样的小等边三角形就需要3×6=18条小毒蛇，而现在只有12条小毒蛇。”

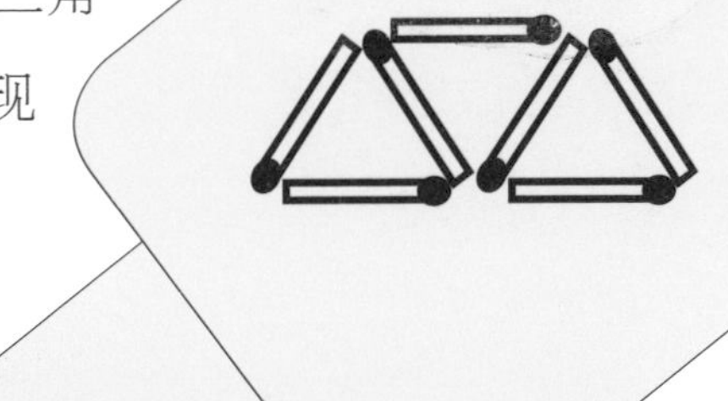

迪宝往墙边爬去，死亡的恐惧盖过了毒蛇的可怕，它拿起一条小毒蛇：“12÷6=2条，势必每个小三角形都要共用一条小毒蛇。拼3个小等边三角形要7条小毒蛇，这样只剩5条

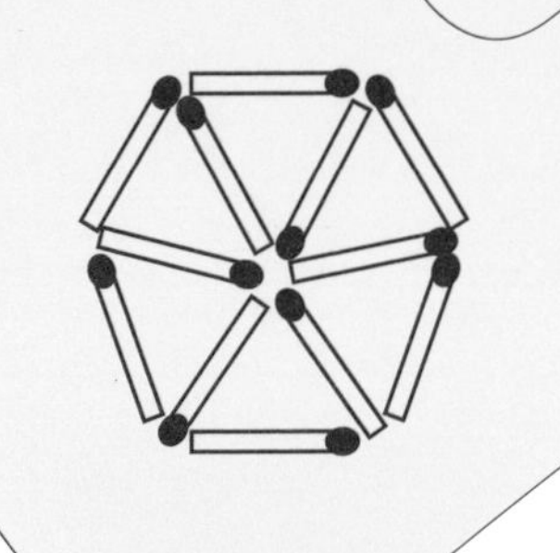

小毒蛇，想要再摆出3个小等边三角形，必然要与原来摆的图形靠在一起，这样正好节约2条小毒蛇，形成一个正六边形。”

迪宝惊奇地发现，就在它手握小毒蛇的一刹那，它们变成了绿色的柔软的植物，吐出的氧气令快要昏过去的阿诺和红贝克都得救了。

它们一起摸墙上的小毒蛇，每摸到一条，它就变成绿色的植物，当这些植物被摆成一个正六边形时，茎蔓上的花全都绽放了。只见花朵中一道小门顿时打开，灿烂的阳光照进洞中。

原来，德罗门之星正是勇气之星，只要人们克服恐惧，将它们拼组出来，幸运就会降临。

“别急，我不能白来一趟。”地鼠大盗在宝石堆里爬来爬去，一会儿拿起这个，一会儿拿起那个。

“我们快逃吧！”迪宝它们急匆匆地从洞口爬出来，并一把将地鼠大盗拽出。

洞口缓缓地关闭了。

此时出现在大家面前的是一片神秘森林。

第7章
百宝塔
（乘法速算）
扫码领取
·本书配套音频
·数学单位课堂
·数学学习方法
·课后故事随身听

地鼠大盗不甘心，成功逃脱后，它并没有离开神秘森林，而是跟在迪宝、阿诺和红贝克身边，寻找着再次下手的机会。

很快，它发现机会又来了。

“这是百宝塔，九头蜥蜴从别的森林里抢来的宝贝，都藏在这座百宝塔里。”

三个伙伴跟地鼠大盗走到宝塔下面，又听到一阵哭声。

“是麦朵。”

它们抬起头，惊恐地看到，此时，麦朵正被挂在塔尖上，像秋千一样荡来荡去。

“不！”当麦朵发现地上的伙伴们时，拼命摇头，似乎想传递什么危险的信息。

一道蓝光从塔尖射出，击到麦朵的身上，它昏迷了过去。

“不管多么艰险，我们都得上去。”迪宝快步走到塔门前。

一扇巨大的石门开启，里面透出阴森森的冷风。

迪宝小心翼翼地走进去，当伙伴们全都进来时，门突然关闭了。宝塔四周的三扇门中涌出沙海，眼看着就要将它们埋没其中。

“我等你们多时了。”头顶的塔尖上传来九头蜥蜴的大笑声。

“怎么才能让沙子停止灌进来？”阿诺想飞起来，无奈沙子的冲击力太大，砸到它的翅膀上，将翅膀砸伤，它滚落到地上。

“我知道。”地鼠大盗奋力朝沙堆上爬，“九头蜥蜴在使用邪恶魔法。瞧！三个入口上方都有一个乘法算式。只要算出结果，我们不但能逃出去，还会变成大富翁。”

地鼠大盗讲，眼前的沙海中的每一粒沙子实际上是宝石，破解了难题，魔法被破解，沙子就会变回宝石。

阿诺抬头，发现三个算式：

（1）24×15

（2）248×15

（3）3456×15

“可是，恐怕来不及了……”阿诺还没说完，就被一股沙子埋上了。

迪宝跌跌撞撞地爬起来，脑子飞快地运算起来：“阿诺，坚持住！我们已经学会了整数乘法的计算方法，而计算多位数乘法，要一位一位地乘，运算起来比较麻烦。其实，多位数与一些特殊的数相乘，也可以用简便的方法来计算。”

地鼠大盗将阿诺挖出来，背着它爬到沙堆上直喘粗气。

阿诺吐了一口沙子：“计算乘法时，如果一个乘数是25，则另一个乘数可考虑拆成‘4×某数’，这样可‘先拆数再扩整’。两位数、三位数乘11，可采用‘两头一拉，中间相加’的办法，但要注意头尾相加做积的中间数时，哪一位上满十要向前一位进一。”

“所以，”迪宝叫道，“一个数乘15，因为15=10+5，那么24×15，

就可以写成24×（10+5），也就是用24加上它的一半，再乘10，24+12=36，再用36×10=360。248×15就用248+124得到372，再乘10为3720。”

“3456×15就用3456加上1728得到5184，再乘10为51840。”阿诺说，“一个乘数乘15，也就是用这个数加上它的一半再乘10。”

红贝克由于身子又扁又轻，十分灵活，几次都摆脱了危险，飘在沙堆上面。

它趁机列出算式：“听你们这样解题，我已经十分清楚计算过程：

（1）24×15

=（24+12）×10

=36×10

=360

（2）248×15

=（248+124）×10

=372×10

=3720

（3）3456×15

=（3456+1728）×10

=5184 × 10

=51840。”

当伙伴们迅速将这三道乘法题算出结果后，地鼠大盗的话得到了证实，只见万道金光齐迸射，无数粒沙子变成了无数粒宝石。

这可把九头蜥蜴吓坏了。

它又是蹦又是跳，想将所有的宝石再变回沙子。无奈，它心急又害怕，怎么也想不起将它们再变回去的魔法咒语，让地鼠大盗趁机盗走许多大块儿的宝石。

九头蜥蜴去追地鼠大盗，伙伴们趁机爬上塔顶。

但是刚爬到塔尖，还没救下麦朵，就遭遇了飞来横祸。

第8章 幽灵宝宝

（解决问题）

迪宝、阿诺和红贝克意识到看似平静的塔顶其实危机四伏，它们已经落入了黑幽灵的圈套。

它们冲上去后，纷纷被粘在一个身体像果冻的黑幽灵身上，被投进了塔顶的幽灵城堡。

幽灵城堡里黑而诡异，奇怪的叫声此起彼伏，可是，它们什么也看不见。

黑幽灵朝三个伙伴身上吹了一口气，它们就乖乖地站成一排，走进了一个生长着奇异植物的房间里。

植物的茎蔓像水桶一样粗，上面开着散发出黑色光芒的花朵，每一

个花蕊里都熟睡着一个黑幽灵宝宝。

“为它们服务吧。”黑幽灵念起强大的咒语。

被魔法控制的迪宝、阿诺和红贝克，目光呆呆地听从指挥，换上保姆服，开始为植物除草、浇水，并照顾花蕊里模样可怕的小宝宝。

如果不是地鼠大盗突然出现，恐怕它们要在这里忙碌上一辈子。

“喂！”

“醒醒！”

地鼠大盗又是拍又是打，三个伙伴似乎并没有发现它，于是，它动起脑筋。

“如果救下这几个聪明的家伙，说不准还能带我找到什么宝贝。”地鼠大盗琢磨着，“即使偷一个精灵宝宝也是不错的。”

它常到神秘森林里游走，很了解破解这种邪恶魔法的方法，于是走到迪宝身边：“瞧见了吗？这里有女幽灵宝宝24个，男幽灵宝宝的个数比女幽灵宝宝个数的2倍少5。只要你算出这里有男幽灵宝宝和女幽灵宝宝共多少个，就能清醒过来，重获自由。”

令它苦恼的是，迪宝对它视而不见，充耳不闻。

“尝尝这个。”地鼠大盗把一只蜈蚣的爪子塞到迪宝嘴里，它才清醒了一点。

见到自己嘴里含了个蜈蚣爪子，迪宝吓得尖叫。

地鼠大盗手脚并用地堵住了它的嘴。

“你被魔法控制了。”地鼠大盗说，“蜈蚣的爪子只能让你清醒一会儿，还是赶快破解难题吧。”

黑幽灵宝宝不是哭闹，就是吃一些奇怪的昆虫，喝一些散发古怪味道的饮料，吓得迪宝浑身哆嗦，根本无法集中精力思考。

在地鼠大盗所描绘的九头蜥蜴风风火火地赶来的可怕场景中，它终于发慌地想道：“应……应用题是小学数学中非常重要的一部分内容，它需要我们用学到的数学知识来解决生产、生活中的一些实际问题。学好应用题的关键在于认真分析题意，掌握数量关系，找到解决问题的突破口。在分析应用题的数量关系时，我们可以从条件出发，逐步推出所求的问题，也可以从问题出发，找到必需的条件。在解答问题时，我们可以根据题目中的数量关系灵活运用上述这两种方法。有时借助线段图来分析应用题的数量关系，这样解题就更容易了。”

“快点儿，快点儿。”

这里的每一声响动都吓得地鼠大盗浑身发抖。

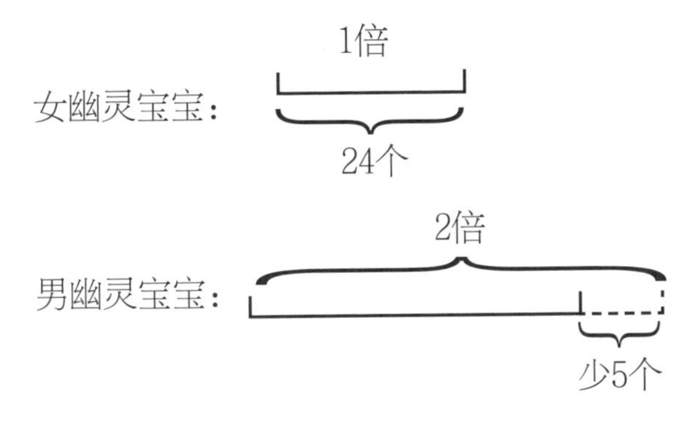

“我先根据题意画出线段图。”迪宝说，“从图上可以看出，把24个女幽灵宝宝看作1倍数，男幽灵宝宝的个数比这样的2倍数少5个。用24×2-5=43，可以求出男幽灵宝宝的个数，再用43+24=67，可以求出

男幽灵宝宝和女幽灵宝宝的总个数。”

“你确定吗？”地鼠大盗搜索着可以带上的宝贝，“如果错了，植物释放的毒气会将我们熏死。”

“列式如下：

24×2-5=43（个）

43+24=67（个）。”迪宝说，“这里有男幽灵宝宝和女幽灵宝宝共67个。”

邪恶魔法被破解，阿诺、迪宝、红贝克全都清醒过来，恢复了知觉。可是，它们惊恐地发现，地鼠大盗正试图摘下花蕊里的一个幽灵宝宝。

它冒冒失失的行为引发了一场灾难。

随着一声可怕的婴儿尖叫，墙壁里突然现出了一个巨大的黑影，露出了黑幽灵可怕而丑陋的面孔。

第9章 逃离魔法书

（数字趣谈）

黑幽灵步步紧逼。

看到地鼠大盗竟然想盗走自己的宝宝，它气坏了，挥动双手，想将四个家伙全都揉成巨型植物的养料。

“快，躲到这里来。”

只见地鼠大盗从怀里掏出一本黑色的魔法书，它打开书页，推三个伙伴进去，自己也跳进去后，念起咒语。当黑色的咒语飘到书侧页时，所有的书页自动锁上了。

黑幽灵又是砸，又是撕，就是无法破坏这本巨大的魔法书。而且，每当它想毁坏书页，就有无数道蓝光射出来，烧得它浑身刺痛。它只好放弃这个打算，将这本书送到了九头蜥蜴的手中。

透过缝隙朝外面看去，迪宝小声问地鼠大盗：“你从哪里得来的这

本书？”

“它正是传说当中，令人胆寒的邪恶魔法书。”地鼠大盗说，“里面有用不尽的黑魔法，这是我从老蛛巫那里偷来的。本想利用它偷点宝石，没想到这时候派上了用场。”

九头蜥蜴折腾了一天，也没能打开魔法书，于是随手将书扔进了它的藏宝室里。

地鼠大盗看到外面成堆的珠宝，忍不住直流口水。

可是，当它想出去的时候，却发现并没有那么容易：“这本魔法书共100页，排页码时，一个铅

字只能排一位数字，如果我们无法算出排这本书的页码共要用多少个铅字，就永远也逃不出去。”

此时，外面漆黑一片。

正是它们逃走的好时机。

阿诺和迪宝仔细地研究着这道难题。

很快，阿诺抬起头：“在日常生活中，0、1、2、3、4、5、6、7、8、9是我们最常见、最熟悉的数字，由这些数字构成的自然数列中有很多有趣的计数问题。这次的习题大多是关于自然数列的计数问题，解这类题一般采用尝试探索法和分类统计法。”

地鼠大盗又是抠又是挖，把一些书页都挖烂了。

这本具有生命的魔法书，愤怒地发出咆哮，黑暗中突然出现一串火光，烧着了地鼠大盗的衣服，怎么扑也扑不灭。

“这种火是无法扑灭的，除非我们逃出去。”地鼠大盗在滚爬中发出一串惨叫声。

“这道题可以分类计算。”迪宝着急地叫道，“从第1页到第9页，共9页，每页用1个铅字，共用1×9=9个铅字。”

它想扑火，火却越来越大，将它的衣服也燃着了。

这可把红贝克和阿诺吓坏了。

“从第10页到第99页，共90页，每页用2个铅字，共用

2×90=180个铅字；第100页只有1页，共用3个铅字。”由于迪宝在奔跑中，也燃着了阿诺的衣服，阿诺也狂奔起来。

“红贝克，加油。”阿诺忍受住疼痛，边打滚边叫道，“你一定知道最后的答案。”

红贝克哆哆嗦嗦地跑来跑去，想到即将要被烧死的伙伴，它强迫自己冷静下来：“列出算式，我们很快便会知道答案：

1×9=9（个）

2×90=180（个）

1×3=3（个）

9+180+3=192（个）

“排这本书的页码共用192个铅字。”

它话音刚落，不知从哪里吹来一股冷风，不仅将书页吹开，还将它们身上的火焰吹灭了。

四个家伙走出黑魔法书，趁着夜色逃出了九头蜥蜴的藏宝室。

第10章
老蛛巫的交易
（等量代换）
扫码领取
·本书配套音频
·数学单位课堂
·数学学习方法
·课后故事随身听

经过几天几夜的寻找，迪宝、阿诺与红贝克，都没有发现麦朵的下落。

再次相遇的地鼠大盗却为它们带来了一个不幸的消息：“麦朵被一只金蝉裹进了一个巨大的茧中，用不了多久，它就要在里面死去。”

麦朵为什么会被放在茧中？九头蜥蜴通知它们来神秘森林，恐怕并不是为了救出麦朵，也许，等待大家的是更大的阴谋。

地鼠大盗接下来的话，令伙伴们胆战心惊。

“我看到了，在那个茧旁边，还有三个准备制茧的树巢。”地鼠大盗的眼神令三个伙伴明白，那些树巢正是为它们准备的，“想要去救麦朵，你们不能再这样明目张胆了。”

地鼠大盗趴在它们耳旁说：“去求老蛛巫吧。在这片森林里，谁付它金币，它就为谁服务。”

它告诉三个小伙伴，老蛛巫手中有一种隐身药水，喝过那种药水后，它们可以在24个小时内，保持隐身，这足以救出麦朵。

伙伴们来到老蛛巫的神秘小屋。

听了它们的求助，老蛛巫并没有说话，而是将它们带到一个古老的柜子前：“我一向以酿造长生不老的蜜露而叱咤昆虫世界。现在，我这柜子里有大、中、小三种蜜露瓶，买4个中瓶蜜露的钱可以买2个大瓶和1个中瓶蜜露，买11个小瓶蜜露的钱与买6个中瓶蜜露的钱相同，买8个大瓶蜜露的钱可以买多少个小瓶蜜露？九头蜥蜴在不久前订制了8个大瓶蜜露，可

是它忽然改变主意，要买同样价钱的小瓶蜜露。我怎么也算不出……”

“如果我们算出，就能够得到隐身药水？”迪宝兴奋地问。

“我能保证不将你们交给九头蜥蜴。”老蛛巫慢腾腾地说。

它的眼神可怕极了，浑身散发出可怕的腐烂气味。

迪宝强忍着想呕吐的冲动，反反复复地琢磨着困扰老蛛巫的问题。

“迪宝，我看这跟等量代换有关。”阿诺先开了口，“等量代换是解数学题时常用的一种思考方法，即两个相等的量可以互相代换。当年曹冲称象时就是运用了这种方法。因为只有当大象与船上的石头的质量相等时，船两次下水后船身被水面所淹没的深度才一样，所以想称大象的体重，只要称出船上石头的质量就可以了。”

迪宝想了一下，接着说：“你说得没错。在有些问题中，存在着两个相等的量，我们可以根据已知条件与未知数量之间的关系，用一个未知数量代替另一个未知数量，从而找出解题的方法，这就是等量代换的基本方法。”

老蛛巫等得不耐烦，爬到天花板上，走来走去，碰掉不少神秘小兽，它们在逃跑的途中，咬伤了迪宝和红贝克。

再解不了题，阿诺它们不知还会遭遇什么可怕的怪事，它边躲避边叫道："由'买4个中瓶蜜露的钱可以买2个大瓶和1个中瓶蜜露'，可以推出：3个中瓶蜜露的钱= 2个大瓶蜜露的钱。进而得到：6个中瓶蜜露的钱=4个大瓶蜜露的钱。又根据'买11个小瓶蜜露的钱与买6个中瓶蜜露的钱相同'，可以推出4个大瓶蜜露的钱=11个小瓶蜜露的钱，所以买8个大瓶蜜露的钱可以买22个小瓶蜜露。"

见老蛛巫犹犹豫豫，一脸狐疑，红贝克列出下面的算式：

4-1=3（个）

6÷3=2

2×2=4（个）

8÷4=2

11×2=22（个）

老蛛巫叫道：“这么说，买8个大瓶蜜露的钱真的可以买22个小瓶蜜露？”

狡猾的老蛛巫并没有放走几个小家伙，而是将它们藏到了一个罐子里。直到它跟九头蜥蜴交易过后，并没有受到九头蜥蜴的怀疑，才相信几个小家伙算得果真没错，跟它们谈起得到隐身药水的条件。

第11章
邪恶黑天牛复活
（错中求解）
扫码领取
•本书配套音频
•数学单位课堂
•数学学习方法
•课后故事随身听

老蛛巫目光炯炯地盯着几个小伙伴。

“我原本自由自在地生活在这神秘森林，”老蛛巫说，“可是九头蜥蜴搬来一尊塑像，虽然这个家伙是一尊大石像，可看起来阴森恐怖。”

它说，九头蜥蜴雇用它每天对着那尊石像念不同的咒语。虽然九头蜥蜴并没有向它透露这些咒语究竟有什么用处，但是它还是猜出，说不准哪一个咒语，就对石像起了作用，能让它起死回生。

“我很清楚，”老蛛巫说，“那石像被施了白魔法，它是黑魔法，也就是邪恶魔法的天敌。一旦我每天所念的不同的黑魔法发挥效力，那尊石像将会复活。”

老蛛巫接下来的话令三个伙伴头皮发麻，浑身打战。

那尊石像不是别人，正是邪恶黑天牛。

看来，九头蜥蜴之所以将它们骗到神秘森林，又将麦朵装进巨茧里，就是因为想让它的兄弟邪恶黑天牛复活。

“可是，”老蛛巫接下来的话，令伙伴们松了一口气，“有一天，我在计算那天到底该念多少句九头蜥蜴新给我的魔法咒语时，把某数乘3加20，误看成这个数除以3减20，得数是72。在我念的时候，恶邪黑天牛的心脏开始颤动，四肢上的石片在崩裂，可是由于我念的次数错了，它不但没有复活，还变得模样十分古怪。我被九头蜥蜴关进了这间黑屋里，为它服务。如果我不想出正确的答案，将一直被困在这里。”

迪宝抹掉额头的冷汗：“这显然跟数学中的错中求解有关。”

“当然是错了。”老蛛巫脸色一沉，“如果你们算不出正确答案，

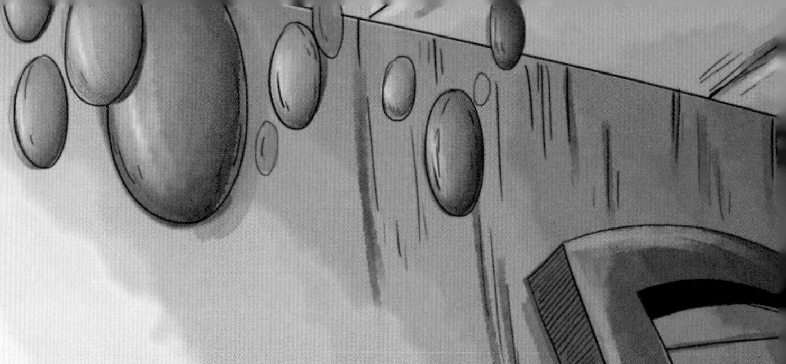

就休想得到隐身药水。”

九头蜥蜴随时可能出现。

而神秘森林里游走的许多不明生物，也有可能造访这间黑屋。

迪宝和阿诺不停地走来走去，苦苦思索着解题办法。

“在进行加、减、乘、除运算时，要认真审题，不能抄错题目，不能漏掉数字。计算时要仔细，不能有丝毫的马虎，否则就会造成错误。”迪宝揪着触角走到阿诺身边。

“你说得没错，”阿诺说，“解答‘错中求解’这类题时，往往要采用倒推的方法，从错误的结果入手，分析错误的原因，最后利用和、差的变化求出加数、被减数和减数，利用积、商的变化求出乘数、被除数和除数。”

“我听到脚步声了，”老蛛巫的双腿开始发抖，“一定是九头蜥蜴又来质问我了。”

阿诺和迪宝像热锅上的蚂蚁一样急得四处乱转，几次都撞到对方的身上。

阿诺被撞得眼冒金星，突然有了答案：“你计算的得数是72，是先除再减得到的，我们可以根据逆运算的顺序，把72先加后乘，求出这个数为（72+20）×3=276，然后按题目要求和运算顺序求出正确的得数276×3+20=848。”

“列出算式就更清楚了。”红贝克虽然帮不上大忙，但这种工作，它十分愿意为伙伴效劳：

（72+20）×3=276

276×3+20=848

“这个数是276，正确的得数是848。”

小勇士们只顾着得到隐身药水，并没有想到，这个答案会让邪恶黑天牛复活。

它们拿着隐身药水，奔走在拯救麦朵的途中，老蛛巫已抢先一步赶到九头蜥蜴身边，当它念出强大的咒语之后，邪恶黑天牛复活了。

第12章

致命虫茧

（盈亏问题）

迪宝、阿诺和红贝克赶到麦朵被困的城堡广场时，地鼠大盗也跟着来凑热闹。

它想趁乱偷点宝贝，却没想到，眼睁睁地看到可怕的邪恶黑天牛复活。

邪恶黑天牛力大无穷，还会使用邪恶魔法，它很快就将迪宝、阿诺、红贝克、地鼠大盗捉进了虫茧牢房里。

广阔的广场上，有一棵通天大树，树上挂满了虫茧，每一个茧里都关着一个不幸被捉的动物。

“里面关押的全是曾经跟我作对的家伙。”邪恶黑天牛挥舞着大钳

子，“用不了多久，虫茧里的幼虫就会将你们啃食干净。”

“哥哥，你这就要走吗？”九头蜥蜴追赶着邪恶黑天牛的脚步，“我们还没开始游戏呢。”

听到这话，邪恶黑天牛停下脚步。

“这里所有的囚犯，如果每个大杯子里放上8个，则多出2个；如果每个大杯子里放10个，则少12个。我一共准备了多少个杯子？这批囚犯又共有多少个呢？”九头蜥蜴叫道，“要是你回答不出，这些被施了邪恶魔法的虫茧就无法被打开，它们真的被幼虫吃光，我们就无法喝昆虫饮料了。”

迪宝不停地缩着身子，才躲过幼虫的啃咬。

听到外面的谈话，它看到了能够活下去的希望。

邪恶黑天牛没想出答案，就命令守门的刺猬：“一个小时后，如果你无法算出答案，你就是我的晚餐。”

刺猬谷鹤一听此话，顿

时昏了过去。

“你是逃不出邪恶黑天牛的手掌心的，”阿诺隔着茧壁喊道，“不过，我们可以帮你。”

刺猬谷鹤摇摇晃晃地爬起来，抹掉眼泪，吃惊地盯着虫茧。里面正在展开一场可怕的厮杀，幼虫每一秒都在变大，它们不停地啃咬着里面的昆虫：“如果你们不马上解开这道难题，就算我打开虫茧的门，你们恐怕也会变成汁水。”

“把一定数量的物品平均分给一定数量的人，每人少分，则物品有余（盈）；每人多分，则物品不足（亏）。已知所盈和所亏的数量，求物品数量和人数的应用题叫盈亏问题。例如：‘把一袋饼干分给小班的

小朋友，如果每人分3块，多12块；如果每人分4块，少8块。小朋友有多少人？饼干有多少块？’这种一盈一亏的情况，就是我们通常所说的标准的盈亏问题。”阿诺大声叫道。

“我知道了，”迪宝叫道，“盈亏问题的解决方法是：份数=（盈+亏）÷两次分配数的差。物品数可由其中一种分法的份数和盈亏数求出。还有一种非标准的盈亏问题，比如‘两盈’，即两次分配都有多余，解决‘两盈’问题的方法是：两次盈数的差÷两次分配数的差=参与分配的对象的总数。”

“解答盈亏问题的关键是要求出总差额和两次分配的数量差，然后利用基本公式求出分配者人数，进而求出物品的数量。”幼虫咬掉了阿诺身上的一块皮肉，阿诺的声音越来越微弱了，“迪宝，我快要不行了。”

不久，阿诺所处的虫茧里，除了幼虫的啃咬声，再也听不见它的反抗声。

迪宝吓得浑身发冷，它努力使自己平静下来，开始解题：“根据题目中的条件，我们可知：

第一种分法：每个大杯子分8个，则多2个。

第二种分法：每个大杯子分10个，少12个。

不远处传来麦朵的声音：“迪宝，从你说的条件中，我可以看出，第二种分法比第一种分法每个杯子多分10-8=2个，所以

所需的杯子总数从多2个变成了少12个，也就是说在多2个的基础上再加12个，才能保证每个杯子分10个。第二种分法比第一种分法所需要杯子的个数多12+2=14，那是因为每个杯子多分了2个，根据这一对应关系，即可求出杯子的个数为14÷2=7，昆虫的总数为8×7+2=58。”

麦朵就在身边，这给了红贝克鼓励。

它一拳打退幼虫，叫道：“列出算式，是这样的：

（12+2）÷（10-8）=7（个）

8×7+2=58（个）。

这兄弟俩共准备了7个杯子，我们所有的昆虫一共有58个。”

在刺猬谷鹤的期待中，在伙伴们知觉尚存的最后一声祈祷中，虫茧破裂了，它们和众多的幼虫一起掉落到了草地上。

当阿诺、迪宝和红贝克正准备扑上去拥抱久别重逢的麦朵时，意想不到的一幕出现了……

第13章
惊心·虫战
（和倍问题）
本书配套音频
数学单位课堂
数学学习方法
课后故事随身听
扫码领取

经阳光一照，幼虫半透明的身体突然变得漆黑，身上长出可怕的毛刺和铠甲，嘴里生出尖尖的獠牙，变成了可怕的幼虫战士。它们开始四处追击扑咬那些刚获得自由的昆虫。

刺猬谷鹤吓坏了，它缩成一只球，想翻滚着逃到安全的地方去。

“这里可是神秘森林。”迪宝追上它叫道，“你无论躲到哪里，都会被捉回来，不如帮助我们想办法，到底怎样才能够制服这些幼虫战士。”

谷鹤悄悄探出一只小鼻子：“在这片森林里，没有任何生物是这些幼虫战士的对手，除非将它们关起来。”

关起来！

迪宝和阿诺都认为这个主意很棒。

在它们的追问下，还在逃跑的谷鹤说：“‘被除数与除数的和为320，商是7，被除数和除数各是几？’这是某一天我从九头蜥蜴那里偷

听到的话。看到前面山脚下的那一大一小两个洞穴了吗？在小洞穴口的藤萝上摘‘除数’那么多的黑果子，在大洞穴的藤萝上摘‘被除数’那么多的黑果子，将它们砸烂，涂抹到洞壁上，就会冒出蓝光。这些幼虫被蓝光吸引，就会进到洞穴里沉睡。但你们要记住，如果让它们再次醒来，变成更加庞大的黑甲虫战士，你们的处境就更加危险了。”

只要把它们关起来，就有活下去的希望。

迪宝和阿诺与其他昆虫四处躲避，一路跑到洞穴前。

通过一路上的思考，迪宝有了解题思路：“已知两个数的和与两个数之间的倍数关系，求这两个数，这样的应用题叫作‘和倍问题’。要想顺利地解答和倍应用题，必须理解题意，厘清数量关系，有时也可以根据题意画出线段图，帮助我们正确列式解答。”

“解答和倍应用题的关键是找出两数的和以及与其对应的倍数和，从而先求出1倍数，再求出几倍数。”阿诺说，“数量关系可以这样表示：

两数和÷（倍数+1）=较小的数

较小的数×倍数=较大的数

两数和-较小的数=较大的数。”

可怕的幼虫战士已经追了过来。它们口吐蓝丝，将一部分昆虫包裹起来，准备享用大餐。

迪宝和阿诺冒着生命危险，救出了麦朵和其他几只昆虫。

迪宝跳到幼虫战士的头顶：“快钻到洞穴里去——由商是7可知，被除数是除数的7倍，把除数看作1份数，被除数就有这样的7份。”

为了更快、更清楚地解题，它还画了一幅图：

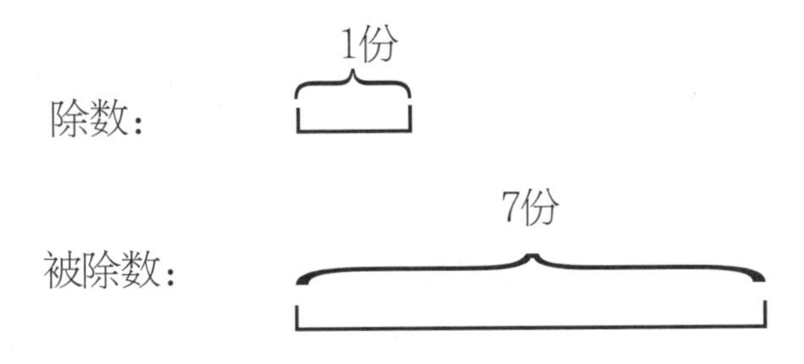

“如图所示，”阿诺看后，马上叫道，“把除数看作1份数，320就是这样的（7+1）份，因而我们可以求出1份数，即除数，320÷（7+1）=40，从而根据被除数为这样的7份，再求出被除数，40×7=280。”

麦朵列出算式：

除数：320÷（7+1）=40

被除数：40×7=280

它欣喜地叫道：“被除数是280，除数是40，我们赶快行动吧。”

几个小勇士在地鼠大盗和许多虫口逃生的昆虫的帮助下，很快便采摘到两种数量的果子。它们一面与幼虫战士搏斗，一面将掺在一起的果

子汁液涂抹到石壁上。

这时，神奇的一幕出现了。

墙壁里冒出烟雾一般的蓝光。

蓝光飘到幼虫战士身边，它们血红色的眼睛突然变得蓝莹莹的，像木偶一般呆呆地爬进洞穴里，开始沉睡。

如果这些可怕的幼虫战士苏醒了，四个伙伴不知将要面对什么可怕的危险，它们决定马上行动起来，寻找让幼虫战士永远沉睡的办法。

第14章
睡美人花丛
（差倍问题）
扫码领取
•本书配套音频
•数学单位课堂
•数学学习方法
•课后故事随身听

“神秘森林里有一种花，名字叫睡美人花。”老蛛巫向小勇士们透露，“将它们移植到山洞里，那些幼虫战士将永远沉睡下去。”

想要得到睡美人花可不容易，它们就生长在邪恶黑天牛和九头蜥蜴的时光城堡后面的森林里。

睡美人花有两种颜色，一种是蓝色的，一种是紫色的。需要摘取的蓝睡美人花的朵数是紫睡美人花的朵数的3倍，而且必须保证蓝睡美人花比紫睡美人花多18朵。

老蛛巫不肯透露更多，马上就消失在森林里。

“我们必须弄清楚，两种颜色的花各需要多少朵。”迪宝说，“老

蛛巫说过，如果栽种的比例不对，睡美人花将全部枯萎死去。”

伙伴们来到时光城堡后面。

窗口里，九头蜥蜴和邪恶黑天牛可怕的身影晃来晃去，城堡里不时传出一声惨叫——还有可怜的昆虫被囚禁在里面。为了使自己掌握的邪恶魔法更加熟练，邪恶黑天牛捉了很多无辜的昆虫，用来当它的试验品。

它将它们变得虫不像虫，怪不像怪，不是赶到森林里，就是关进恐怖的地牢。

不远处的山洞里，不时冒出一片蓝雾，传来一阵响动，幼虫战士随时都有可能从沉睡中醒来。

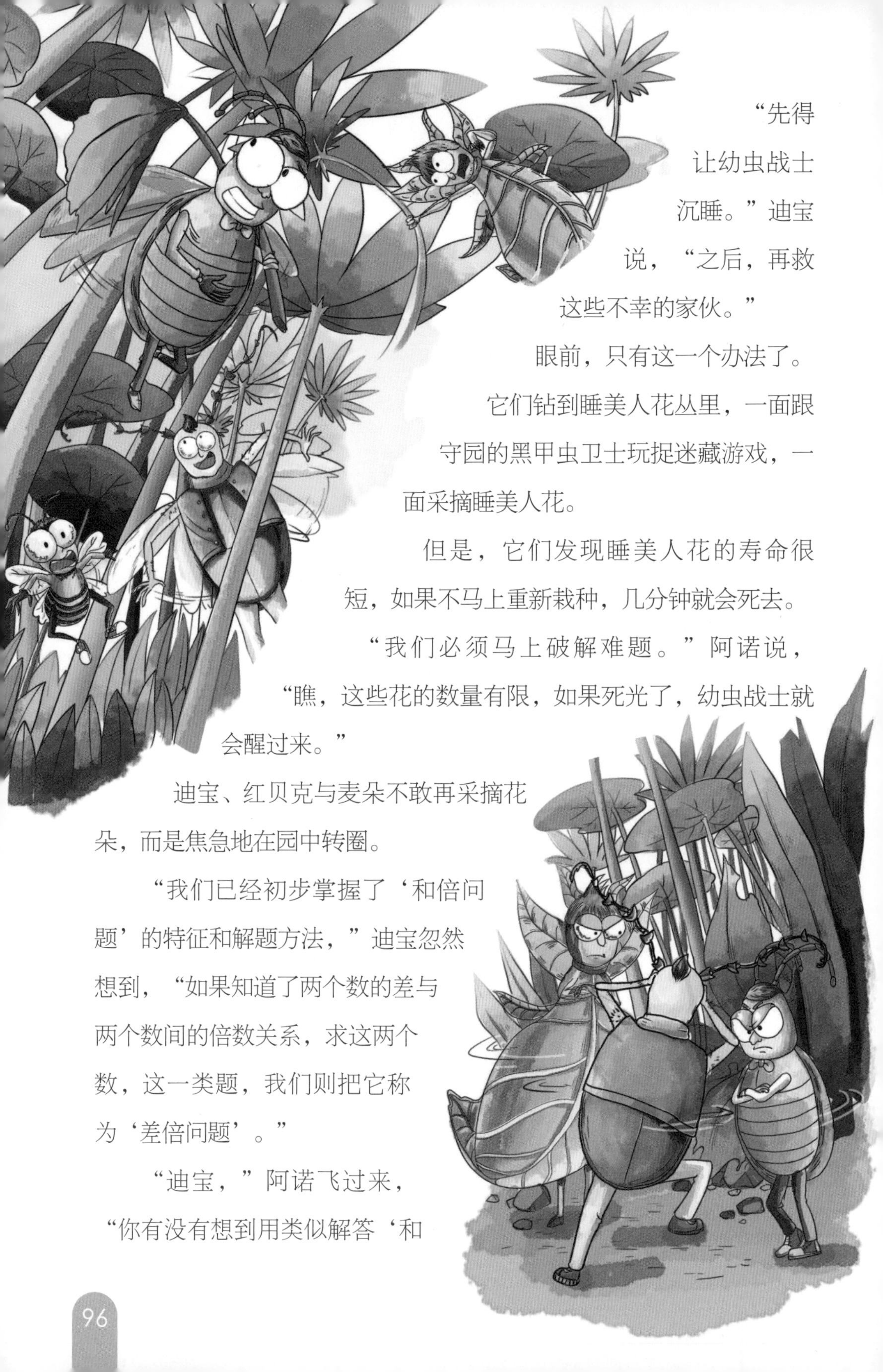

“先得让幼虫战士沉睡。”迪宝说，“之后，再救这些不幸的家伙。”

眼前，只有这一个办法了。

它们钻到睡美人花丛里，一面跟守园的黑甲虫卫士玩捉迷藏游戏，一面采摘睡美人花。

但是，它们发现睡美人花的寿命很短，如果不马上重新栽种，几分钟就会死去。

“我们必须马上破解难题。”阿诺说，“瞧，这些花的数量有限，如果死光了，幼虫战士就会醒过来。”

迪宝、红贝克与麦朵不敢再采摘花朵，而是焦急地在园中转圈。

“我们已经初步掌握了‘和倍问题’的特征和解题方法，”迪宝忽然想到，“如果知道了两个数的差与两个数间的倍数关系，求这两个数，这一类题，我们则把它称为‘差倍问题’。”

“迪宝，”阿诺飞过来，“你有没有想到用类似解答‘和

倍问题’的方法来解答‘差倍问题’呢？解答‘差倍问题’与解答‘和倍问题’的方法类似，首先要找出差所对应的倍数，求出1倍数，再求出几倍数。此外，还要充分利用线段图帮助我们分析数量关系。”

迪宝为阿诺的想法拍手叫好，它马上闭上嘴巴，因为远处正有一个甲虫卫士大步奔过来。

它和伙伴们躲到花丛深处后，轻声说道：“如果不快点儿，我们就要被发现。用关系式可以这样表示：

两数差÷（倍数-1）=较小的数（1倍数）

较小的数×倍数=较大的数（几倍数）。”

“所以，”阿诺叫道，“将紫睡美人花的朵数看作1倍数，则蓝睡美人花的朵数是这样的3倍。”如下图所示：

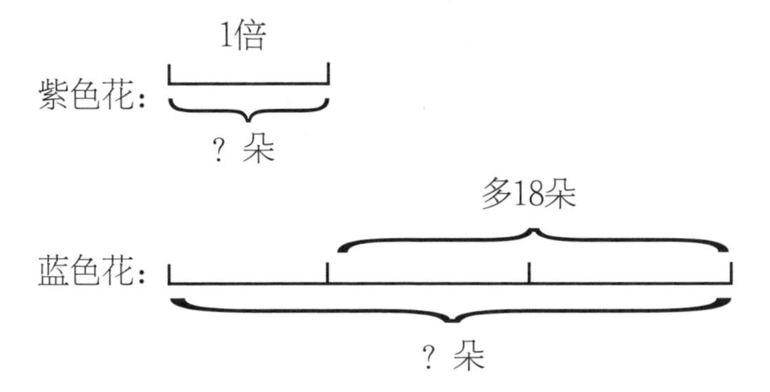

阿诺接着说：“从线段图上可以看出，蓝睡美人花的朵数比紫睡美人花的朵数多了3-1=2倍，紫睡美人花的个数的2倍是18个，所以18÷2=9，就求出了紫睡美人花的朵数，再用9×3=27，就求出蓝睡美人花的朵数。”

“让我来列算式。”红贝克跳过来，写出下面的式子：

18÷（3-1）=9（朵）

9×3=27（朵）

“需要蓝睡美人花27朵，紫睡美人花9朵。赶快行动吧。”

伙伴们匍匐在睡美人花丛中，很快便采摘到足够的数量。当它们将所有的花朵移植到山洞里时，那些已经在伸懒腰、打哈欠，或睁开惺忪的睡眼四处张望的幼虫战士，全都闭上眼睛，沉沉地陷入睡眠当中。

第15章
绿焰与黑雾
（还原解题）
扫码领取
·本书配套音频
·数学单位课堂
·数学学习方法
·课后故事随身听

伙伴们如释重负，正想走出山洞，突然，洞口的地面上钻出许多圆柱形的黑雾，像牢房的栅栏一样直插洞顶，将它们困在了山洞里。每次接近黑雾，都会被里面释放的电光击倒。

外面，九头蜥蜴和邪恶黑天牛哈哈大笑着，心满意足地盯着自己的战利品。

“现在，我终于可以利用这几个小家伙的勇气，完成最邪恶的魔法练习了。”邪恶黑天牛阴森森地笑着。

原来，邪恶魔法里有一种魔法，它一直无法练成。

这种魔法需要找到四只世界上最勇敢的昆虫，用咒语将它们变成木乃伊，然后在邪恶魔法的控制下，把它们变成勇猛无畏的邪恶杀手。有了这四个杀手，不管是神秘森林，还是时光森林，再也不用害怕那些冒险闯入者了。这样九头蜥蜴和邪恶黑天牛就能成为森林里真正的统治者了。

邪恶黑天牛挥舞着双臂，嘴里念念有词。洞里的幼虫战士身体里开始钻出许多奇怪的苔藓，这些苔藓开出一朵朵绿色的小花，可实际上，它们根本不是花，而是可怕的绿色火焰。火焰中不断冒出一些黑色的可怕符号，它们摇摆飘移，在小勇士们四周发挥可怕的邪恶威力。

绿焰越烧越旺，快把四个小伙伴身上的水分烤干了。

“放我们出去！”迪宝尖叫着。

“什么时候你们的身体里一滴水也没有，”邪恶黑天牛叫道，“就变成木乃伊了。”

当邪恶黑天牛与九头蜥蜴兄弟俩离开时，麦朵已经晕倒在绿焰中。

“我再也见不到我的爸爸了。”红贝克奄奄一息地呻吟着，流出的眼泪立即被高温蒸发了。

迪宝和阿诺虽然咬牙坚持，但也感到热得无法喘息，脑袋里一片空白。

就在这时，它们看到圆

柱形黑雾变换着：

先是冒出的圆柱形黑雾是黑雾总数的一半多10根，接着又冒出剩下圆柱形黑雾的数量一半多10根，最后冒出剩下的65根圆柱形黑雾，然后又全部消失了。

可是当伙伴们凑上去后，它们又按这个规律周而复始地出现又消失，令它们没办法逃脱。

“嘿！”洞口的石缝里爬出地鼠大盗，“我刚才趁它们离开城堡，在里面偷看了邪恶魔法书，书上有能让这些柱形黑雾消失的邪恶魔法。”

“快告诉我们。”迪宝上气不接下气，滑倒在柱形黑雾旁。

“只要我们知道一共有多少根圆柱形黑雾。”地鼠大盗已经数起来。

它沮丧地发现，这些圆柱形黑雾变换得太快，根本没有办法数清楚。

虽然已经奄奄一息，但阿诺并没有放弃逃生的希望，即便迪宝已经倒在它脚下。

阿诺说道：“‘1个数加上3，乘3，最后除以3，结果还是3，这个数是几呢？’像这样已知一个数的变化过程和最后的结果，求原来的数，这类问题我们通常把它叫作还原问题。解答还原问题，我们可以根据题意从结果出发，按它变化的相反方向一步步倒着推，直到问题解决，同时可以利用线段图、表格来帮助我们理解题意。”

“别光说理论，我们需要具体的答案。你看——你的同伴都快要变成木乃伊了。”地鼠大盗看着几具嶙峋的昆虫身体，吓得缩头缩脑。

阿诺却闭上眼睛，回想起几个伙伴在阳光灿烂的日子里，在森林里奔跑嬉闹的情景，眼里充满泪水。它告诉自己一定要坚持到最后：“根据题意，我先画出线段图。”

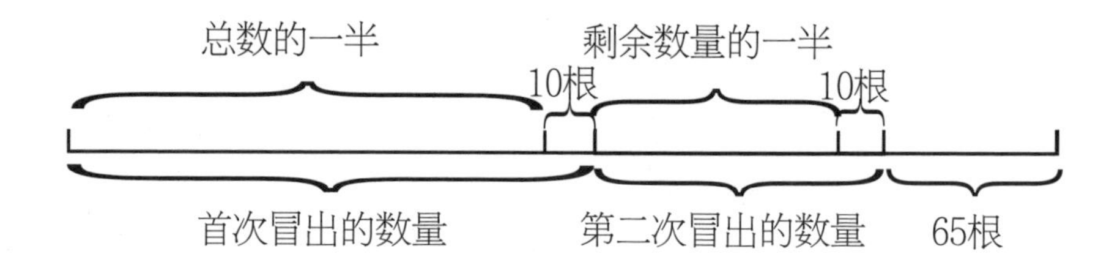

地鼠大盗一头雾水。

“从图上可以看出，最后冒出的65根圆柱形黑雾加上10根圆柱形黑雾，正好是剩下的柱形黑雾的一半。剩下的柱形黑雾的一半为65+10=75根，那么共剩圆柱形黑雾75×2=150根，150根柱形黑雾再加上10根柱形黑雾就是柱形黑雾总数的一半，所以柱形黑雾总数的一半为150+10=160根，这里一共有160×2=320根柱形黑雾。”

它还列出算式：

（65+10）×2=150（个）

（150+10）×2=320（个）

地鼠大盗挥起它从时光城堡里盗来的一个奇异的吸雾工具，输入了所有圆柱形黑雾的数量后，对着洞口的雾柱轻轻平移，只见所有的圆柱形黑雾轻灵地从泥土里飞出来，全钻进了它手中的工具里。地鼠大盗同阿诺连忙将三个伙伴救了出来。

第16章
火龙山与
黑魔法书
（抽屉原理）
扫码领取
• 本书配套音频
• 数学单位课堂
• 数学学习方法
• 课后故事随身听

邪恶黑天牛和九头蜥蜴虽然十分可怕，脑袋却不怎么好使。

它们每一次使用邪恶魔法，都需要翻看黑魔法书。

“如果将那一本黑魔法书毁掉，它们就无法再使用邪恶魔法了。”经过几天躲在丛林里的思考，迪宝想到了这个好主意。

令它没想到的是，地鼠大盗竟然从它的袋子里取出了黑魔法书：“为什么要烧掉它？送给我吧，我带着它周游世界。”

小伙伴们惊恐地发现，自从将黑魔法书装进自己的腰包，地鼠大盗的眼睛在慢慢变蓝。

迪宝夺过黑魔法书，它本想毁掉这本魔法书，可是将它攥在手中的一刹那，心里突然升腾起一股可怕的念头，想将它据为己有。

“一定是里面的邪恶魔法搞的鬼。”阿诺叫道，“瞧，蓝

光正在渗透进你的皮肤里。”

迪宝却不听阿诺的话，还想使用邪恶魔法将伙伴们变成一堆灰烬。

地鼠大盗望着眼前的一切，十分恐惧：“阿诺……你说得没错，我们得毁掉它。”

它拿出从老蛛巫的家里顺手拿来的一张暗黄色的纸页，在迪宝眼前闪了闪，迪宝突然恢复了知觉，吓得一把松开黑魔法书。

“这是白魔法书上的残页。”地鼠大盗说，“老蛛巫一直将它藏在橱柜里，为的是不受邪恶天牛和九头蜥蜴的奴役。趁着现在大家清醒，我们毁掉黑魔法书吧。”

想要毁掉黑魔法书可不容易，因为普通的火焰无法烧掉它，必须投到火龙山的火山口里去。而邪恶黑天牛和九头蜥蜴发现黑魔法书失踪后，已经追了过来。

地鼠大盗从背包里取出一张画："我们钻进画里躲一躲。"

"你开什么玩笑？"迪宝惊叫道。

可是，当发现画中的人在走动，画中火龙山上的树木枝条在微风下摆动时，迪宝惊讶得张大嘴巴。

"这魔画是我的传家宝。"地鼠大盗叫道，"能让我们想去哪里冒险就去哪里冒险。要不然，我怎么能闯荡世界，收集奇珍异宝呢！可是，想要进去，我们还有一个难关要过。"

九头蜥蜴和邪恶黑天牛开着炮弹车，不停地攻击它们。

地鼠大盗边拿着画奔逃，边说："地鼠家族曾经出过31个蓝宝石大盗，出过38个紫珍珠大盗，出过36个偷魔法书的大盗，还出过34个是黄金大盗，一共有45个地鼠。"

"可是，你到底在说什么？"麦朵躲闪不及，又被邪恶黑天牛捉住了。

这一次，九头蜥蜴决定马上将它制成饮料。

在这情况万分危急之际，大家知道只有马上毁掉黑魔法书，才能拯救麦朵。因为没有了邪恶魔法，九头蜥蜴和邪恶黑天牛根本不是它们的对手。

“我们必须知道，地鼠家族至少有多少位祖先，这四样荣誉都得到过。”地鼠大盗说，“这样才能够开启魔画，钻进去——如果不是被吓晕了头，我一定还记得答案……”

“把12个苹果放到11个抽屉中去，那么至少有一个抽屉中放有2个苹果，这个是非常明显的。把它进一步推广，就可以得到数学里重要的抽屉原理。”经过一番思索，阿诺叫道。

“用抽屉原理解决问题，小朋友们一定要注意哪些是‘抽屉’，哪些是‘苹果’，并且要应用所学的数学知识，制造‘抽屉’，巧妙地应用抽屉原理，这样看上去十分复杂，甚至无从下手的题目也能顺利地解答。”迪宝说。

“迪宝，通过你的话，”阿诺叫道，“若每位地鼠祖先有三样荣誉，那么一共有45×3=135，而实际上它们一共有31+38+36+34=139样，多了139-135=4样，所以可以肯定至少有4位地鼠祖先这四样荣誉都有。”

红贝克还列出算式：

45×3=135（样）

31+38+36+34=139（样）

139-135=4（样）

“可以肯定至少有4位地鼠祖先这四样荣誉都有。”阿诺保护地鼠大盗跑到一棵大树后面，当地鼠大盗将魔画铺到地上，并抚摸了画中的四朵黑郁金香花后，魔画开启一扇门，让它们钻了进去。

它们跑到画中的火龙山上，将黑魔法书投进火焰中后，又返回来救麦朵。

邪恶黑天牛和九头蜥蜴想使用邪恶魔法，但手中没有黑魔法书，一个也想不起来，无法敌过四个小勇士和一个勇敢的地鼠大盗，它们灰溜溜地逃走了。

被恐怖笼罩的神秘森林，又恢复了往日的和平与生机。